启航吧知识号

嘭！神奇化学反应

米莱童书 著/绘

北京理工大学出版社
BEIJING INSTITUTE OF TECHNOLOGY PRESS

推荐序

　　非常高兴向各位家长和小朋友们推荐《启航吧，知识号：嘭！神奇化学反应》科普童书。这是一本有趣的化学漫画书，它不同于传统的化学教材，而是用孩子们乐于接受的漫画形式来普及化学知识。这本书通过生动的画面、有趣的故事，结合贴近日常生活的场景，深入浅出，寓教于乐，在轻松、愉悦的氛围中传授知识。这不仅能够帮助孩子初步认识化学，还能引导他们关注身边的化学现象，培养对化学的浓厚兴趣。

　　化学是一个美丽的学科。世界万物都是由化学元素组成的。化学有奇妙的反应，有惊人的力量，它看似平淡无奇，却在能源、材料、医药、信息、环境和生命科学等研究领域发挥着其他学科不可替代的作用。学习化学是一个神奇且充满乐趣的过程：你会发现这个世界每时每刻都在发生奇妙的化学变化，万事万物都离不开化学。世界上的各种变化不是杂乱无章的，而是有其内在的规律，都被各种化学反应式在背后"操控"。学习化学就像是"探案"，有实验室里见证奇迹的过程，也有对实验结果的演算分析。

　　化学所涉及的知识与我们的日常生活息息相关，化学变化和化学反应在我们的身边随处可见。在这本科普漫画里，作者用新颖的形式带领孩子探究隐藏在身边的"化学世界"。在探究真相的过程中，可以培养孩子学习化学知识的兴趣，也可以提高科学素养。

　　愿孩子们能从这本书中收获化学知识，更能收获快乐！

李永舫

中国科学院院士，高分子化学、物理化学专家

奇妙的化学反应

米莱童书 著绘

强基阅读 系列

MI LAI ZHI YU ZHOU

目录

酸碱大战

氧化与还原

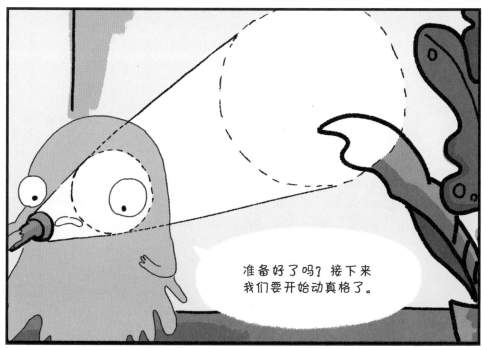

什么是化学变化

我们来寻找身边的**化学变化**吧!

今天可真冷!现在我要暖和暖和,我们来生火烧水吧。

煤在燃烧,真暖和!**燃烧**是常见的化学变化之一。

化学变化一定会产生**新的物质**。

在这些燃烧产生的物质里,就有新生成的一氧化碳和二氧化碳。

如何判断发生的是不是化学变化呢？

有新物质生成，就是化学变化。

蜡烛燃烧就发生了化学变化。

质地和颜色发生了变化，说明有新物质生成。

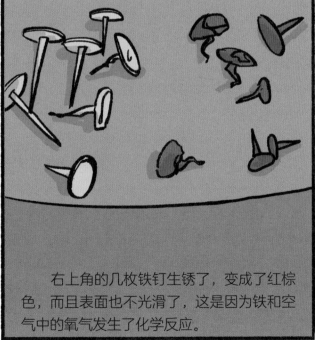

右上角的几枚铁钉生锈了，变成了红棕色，而且表面也不光滑了，这是因为铁和空气中的氧气发生了化学反应。

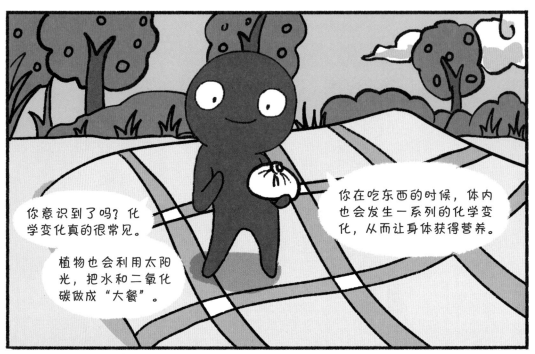

古人的智慧

中国的古诗词中有很多形容化学变化的诗句，让我们一起来找找看吧！

"野火烧不尽，春风吹又生。"这句诗中就出现了**燃烧**现象。

"千锤万凿出深山，烈火焚烧若等闲。"精辟地道出了生产**生石灰**的过程。

"爆竹声中一岁除，春风送暖入屠苏。"

爆竹中的火药被引燃后发生**爆炸**，也是一种化学变化。

"石泉春酿酒，松火夜煎茶。"

铺 酒

人们会利用微生物，使葡萄糖变成酒精，这就是**酿酒**的过程。

酒

酒

酒

酒

总而言之，古诗词中包含了很多化学变化呢！

这些物品中含有**腐蚀性**物质，很多东西接触到它们都会损坏。

消毒液

84

洁厕灵

接触和使用它们时要格外小心，千万不能碰到皮肤和眼睛！

标本

酸溶液

浓硫酸

生石灰

元素合体（化合反应）

我们可以通过**化学反应**，把不同的物质组合在一起，变成新的物质。

氢气是易燃气体。

分身有术（分解反应）

分子绑架案（置换反应）

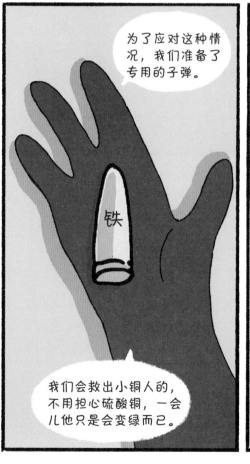

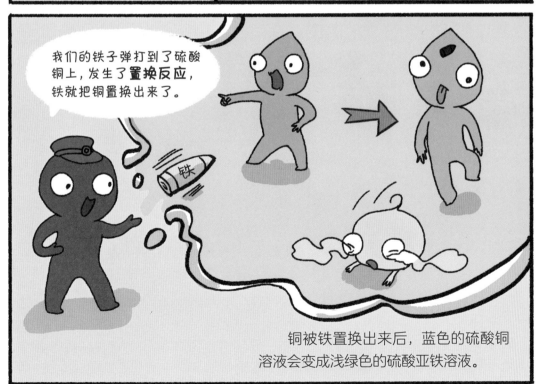

新的组合产生了！

这就是**复分解反应**。

两种化合物发生反应，生成了两种新的化合物。

复分解反应

太奇妙了！

化合物，由两种以上元素组成的纯净物。
与之相对的是单质，由同一种元素组成。

苹果醋工厂

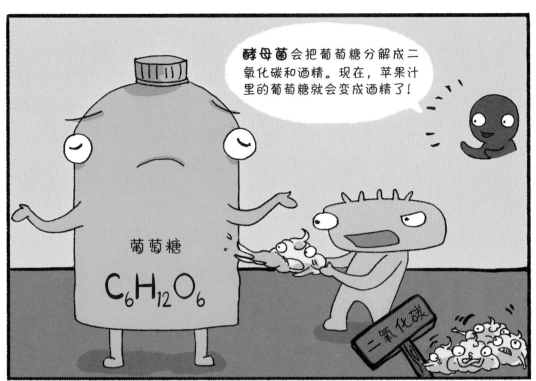

金属生锈

萤火虫发光

这些都是自然界中的化学反应，大自然真的很神奇！

水母发光

火山喷发

质量守恒定律

化学反应虽然会生成新物质，但参加反应的各物质的质量总和，等于反应后生成的各物质的质量总和，这就是**质量守恒定律**。

这个实验可以很好地展现质量守恒定律。天平的左边是硫酸铜溶液和铁钉，它们的总质量等于一大一小两个砝码的质量之和。

现在，我们把铁钉放到硫酸铜溶液里。

铁钉

硫酸铜溶液

铁钉会和硫酸铜溶液发生化学反应，生成铜和硫酸亚铁。

硫酸亚铁溶液

铜

新生成的铜和硫酸亚铁溶液的总质量，同样等于一大一小两个砝码的质量之和。

思考

哪些属于化学反应？

木炭燃烧

水结冰

食盐溶解

问答收纳盒

什么是化学变化?	化学变化是指有新物质生成的变化,又叫化学反应。
什么是物质的化学性质?	化学性质是指物质在化学变化中表现出来的性质。
什么是化合反应?	化合反应是由两种或两种以上的物质生成另一种物质的反应。
什么是分解反应?	分解反应是一种化合物分解成两种或两种以上其他物质的反应。
什么是置换反应?	置换反应是一种单质与一种化合物反应生成另外一种单质和另外一种化合物的反应。
什么是复分解反应?	复分解反应是两种化合物互相交换成分,生成另外两种化合物的反应。
什么是发酵?	发酵是利用微生物生产新物质的过程。
什么是质量守恒定律?	质量守恒定律是指在化学反应前后,参加反应的各物质的质量总和,等于反应后生成的各物质的质量总和。

思考题答案

42页　木炭燃烧。

43页　氧气: 具有氧化性和助燃性; 盐酸: 具有腐蚀性; 木材: 具有可燃性; 煤炭: 具有可燃性。

奇怪运动会

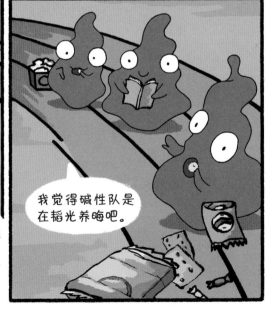

酸容易和某些**活泼金属**发生反应，生成盐和气体。常见的活泼金属有钙、铁、锌、铝等。而不活泼的金属，比如金、银、铜，就很难与酸发生反应。

看来这次拳击比赛要平局了。

酸与碱在一起会发生**中和反应**。氢离子和氢氧根离子在反应中会生成水。

酸溶液中有**氢离子**。

碱溶液中有**氢氧根离子**。

肚子里的故事

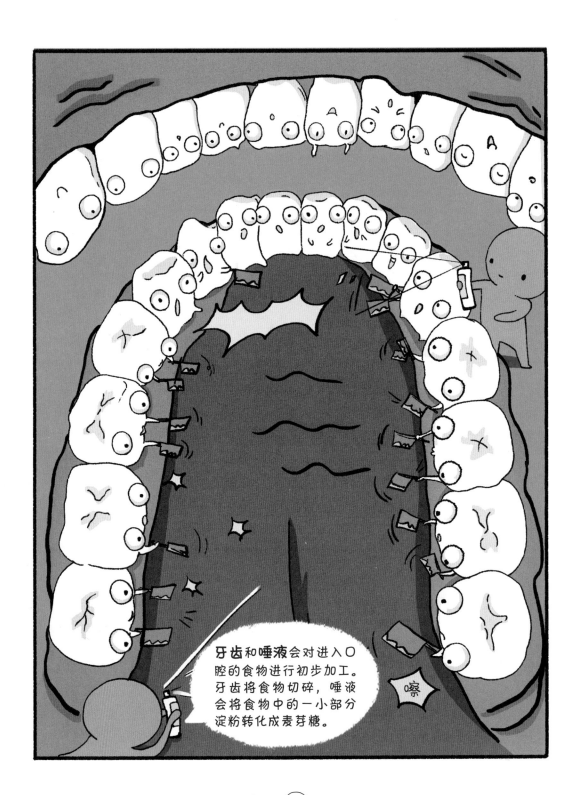

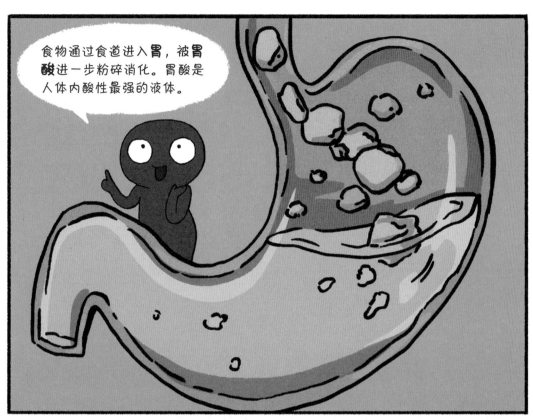

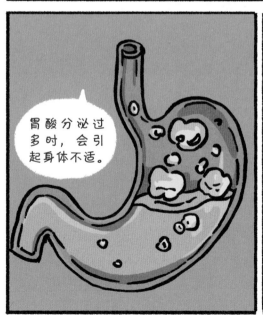

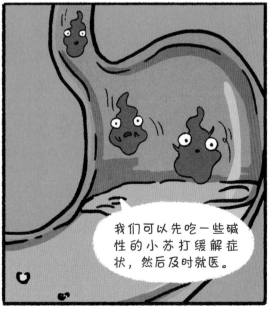

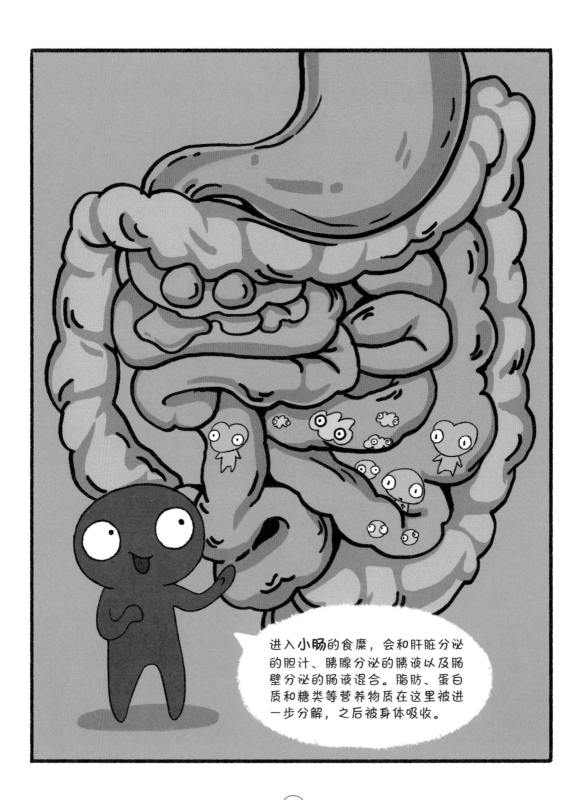

进入**小肠**的食糜，会和肝脏分泌的胆汁、胰腺分泌的胰液以及肠壁分泌的肠液混合。脂肪、蛋白质和糖类等营养物质在这里被进一步分解，之后被身体吸收。

肝脏可以完成营养物质的合成和转化，并分配到身体各处。除此之外，肝脏还有解毒功能，它能让体内的有毒物质转变成无毒的，或者排出体外。

制作“小火山”

首先，把黏土堆成一座山的形状，中间留出放空瓶子的位置。

接下来制作"岩浆"。

在空瓶中加入食醋、红色颜料和洗涤灵。

然后把它们摇匀。

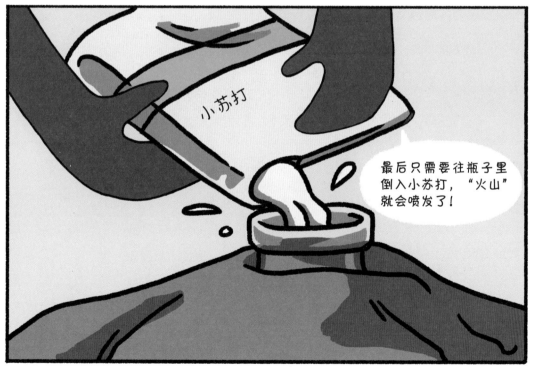

酸性的食醋和碱性的小苏打发生反应，会生成二氧化碳气体。气体使瓶中的洗涤灵产生大量泡沫，从瓶口溢出来。溢出的泡沫被颜料染成了红色，像不像喷发的岩浆？

恭喜你成功制作出了属于自己的"小火山"！

常见的酸

接下来我要给大家介绍一下生活中常见的酸。

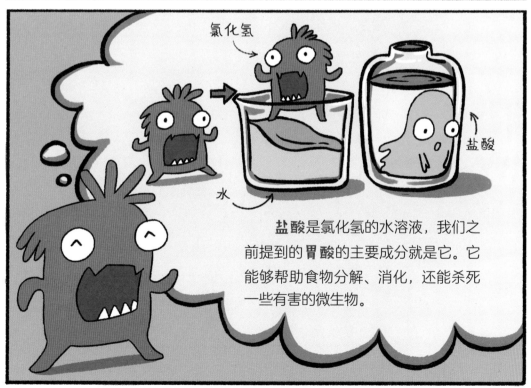

氯化氢

水

盐酸

盐酸是氯化氢的水溶液，我们之前提到的**胃酸**的主要成分就是它。它能够帮助食物分解、消化，还能杀死一些有害的微生物。

在工业生产中，**硫酸**和**硝酸**是两种常用的酸。

硫酸可以用作脱水剂，用来生产纸张、棉麻织物。

纸张

棉麻织物

蓄电池

硫酸可以用来制作蓄电池。

硝酸可以用于生产化肥、农药、炸药和染料。

农药

炸药

染料

化肥

常见的碱

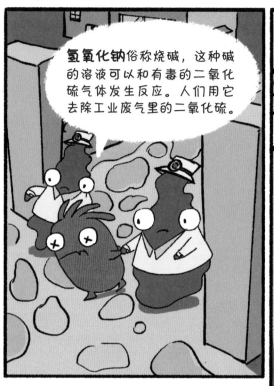

氢氧化钠俗称烧碱，这种碱的溶液可以和有毒的二氧化硫气体发生反应。人们用它去除工业废气里的二氧化硫。

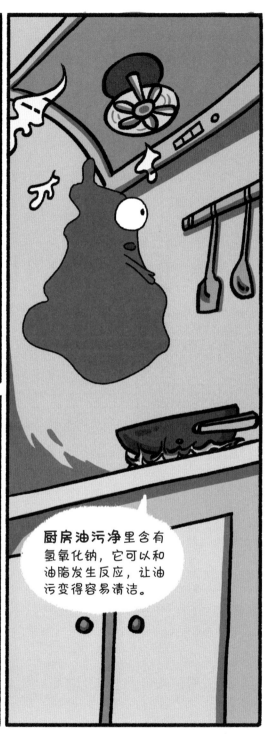

厨房油污净里含有氢氧化钠，它可以和油脂发生反应，让油污变得容易清洁。

通常，肥皂是用氢氧化钠和油脂制成的，它可以帮助人们去除身体上的油脂和污垢。

总结

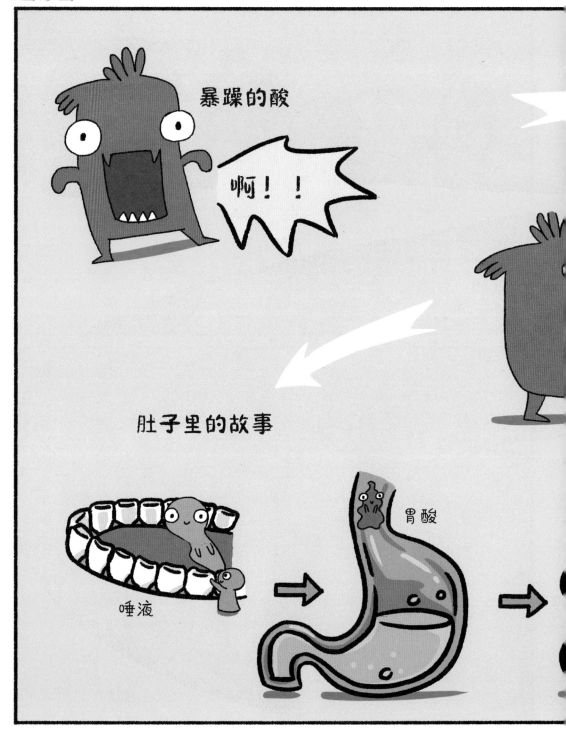

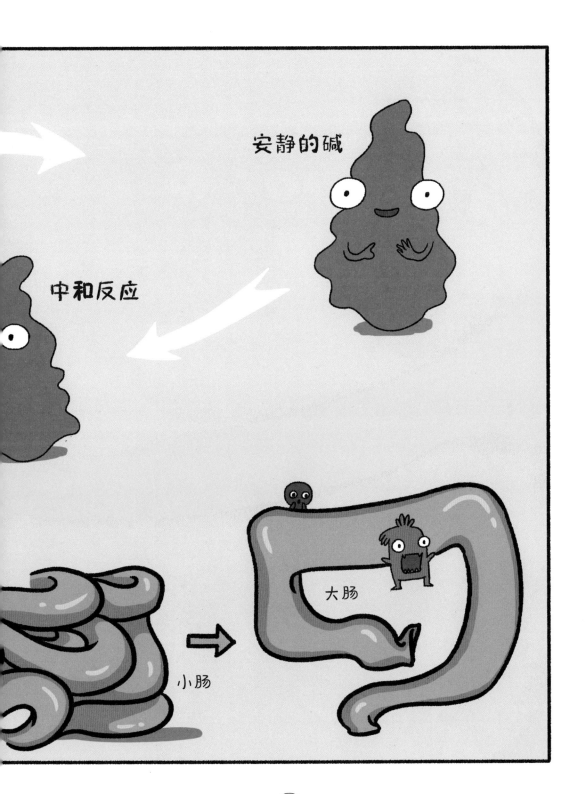

酸和碱与我们的生活息息相关。

这些东西里面含有酸性物质。

葡萄

苹果

酸奶

蚁酸

熟石灰

洗衣粉

肥皂

母粉

这些东西里面含有碱性物质。

思考

问答收纳盒

什么是酸？　酸是一类化合物的统称，通常由氢离子和酸根离子构成。食醋中的醋酸就是一种常见的酸。

什么是碱？　碱是一类化合物的统称，通常由金属离子和氢氧根离子构成。氢氧化钠就是一种常见的碱。

什么是中和反应？　中和反应是指酸与碱作用生成盐和水的反应。

什么是消化？　消化是指食物在消化道内分解成可以被身体吸收的物质的过程。

胃酸有什么作用？　胃酸能够帮助食物分解、消化，还能杀死一些有害的微生物。

肝脏有什么功能？　肝脏可以完成营养物质的合成和转化，并分配到身体各处。除此之外，肝脏还有解毒功能。

怎样去除水壶里的水垢？　用加了醋的水泡一泡就可以去除水垢。

思考题答案

78 页　铝和铁。

79 页　酸性：洁厕灵、碳酸饮料；碱性：洗衣粉、小苏打。

螺丝钉的奇妙之旅

这是元素城最大的螺丝钉工厂，今天我们就来参观参观吧！

螺丝钉是我们生活中必不可少的一种零件。常见的螺丝钉是铁和碳的合金。

防锈涂层可以让螺丝钉不容易被氧化。

现在这些螺丝钉就要被送到它们的"工作岗位"上了，让我们看看它们会被送到哪里。

看来这些螺丝钉要成为大桥的一部分了！

在氧气和水同时作用下，
金属因被**氧化**而生锈。

我们给金属表面涂上防锈漆**隔绝空气**，金属就不容易生锈了。

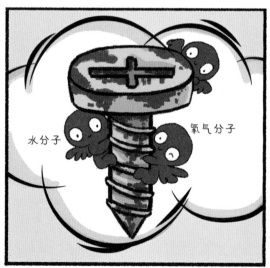

水分子

氧气分子

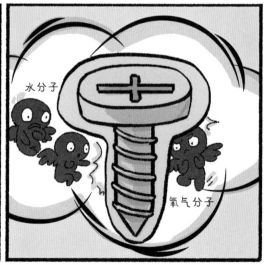

水分子

氧气分子

接下来我们去远处的一座老桥看看，工人们正要对它进行必要的修复和保养。

他们会把生锈的螺丝钉取下来，把新的换上去。

看来这是个大工程呀！

螺丝钉生锈以后特别难拆！

在生锈的螺丝钉上喷一些**螺丝松动剂**，它们就容易被拆除了。

这些生锈的旧螺丝钉还可以被**回收**再利用。

它们会被送到工厂，经过加工，做成全新的金属制品。

在工厂里，它们会被熔化，并去除杂质，再被制成闪亮的钢材。

之前那些生锈的螺丝钉已经变成这些钢材的一部分了。

这些钢材会来到新的"工作岗位"。别忘了，它们都需要做好**防锈保护**。

铁锈的由来

铁锈质地疏松，就像海绵一样，很容易吸收水分。如果一块铁的表面已经出现了锈迹，那么铁锈附近的铁会更快被锈蚀。

常见的氧化反应

天然气是我们日常生活中常用的燃料之一，它的主要成分是**甲烷**。

反应过程中释放的热量可以帮助我们烹制食物。

燃料在**燃烧**时发生的反应是**氧化反应**。

食醋一般是由粮食酿造的，粮食变成食醋的过程，也伴随着氧化反应。

酵母菌使粮食中的糖分发酵，生成二氧化碳和酒精。

我们醋酸菌是酿醋的关键。

酒精在醋酸菌和氧气的帮助下，转化为醋酸。

生锈的铜狮子

你们想给铜狮子除锈，我来提供一套方案吧。

首先用电动工具或砂纸对生锈的表面进行**打磨**。

然后用酸溶液给表面做**酸洗**处理。

茄子！

常用的除锈方法

除锈机除锈

锈蚀层

金属层

用机械**打磨**金属，去除表面的氧化物，是除锈的一种方法。

稀盐酸

还可以把酸溶液喷洒到生锈的金属表面除锈。

酸洗除锈

用稀盐酸浸泡生锈的金属可以除锈。**稀盐酸**能和金属氧化物发生反应，除掉锈蚀。

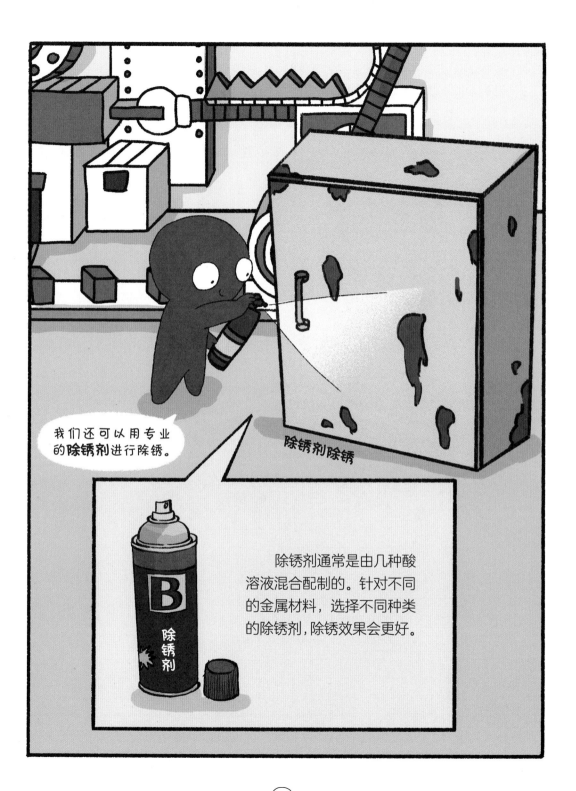

我们还可以用专业的**除锈剂**进行除锈。

除锈剂除锈

除锈剂通常是由几种酸溶液混合配制的。针对不同的金属材料，选择不同种类的除锈剂，除锈效果会更好。

巧用木炭除铜锈

铜锈在加热条件下可以分解生成**氧化铜**。

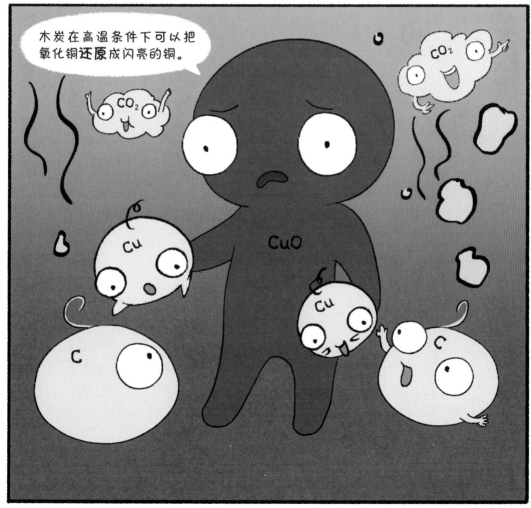

木炭在高温条件下可以把氧化铜**还原**成闪亮的铜。

神奇的漂白粉

漂白粉可以把红色的衣服变白。

这个神奇的现象是什么原理呢?

总结

几种氧化反应

二氧化碳

水

甲烷

氧气

甲烷燃烧

氧气

醋酸菌

酒精

醋酸

酿醋

铁生锈

铁 + 水 氧气 → 铁锈

漂白

除锈与防锈

酸溶液除锈

木炭除铜锈（还原反应）

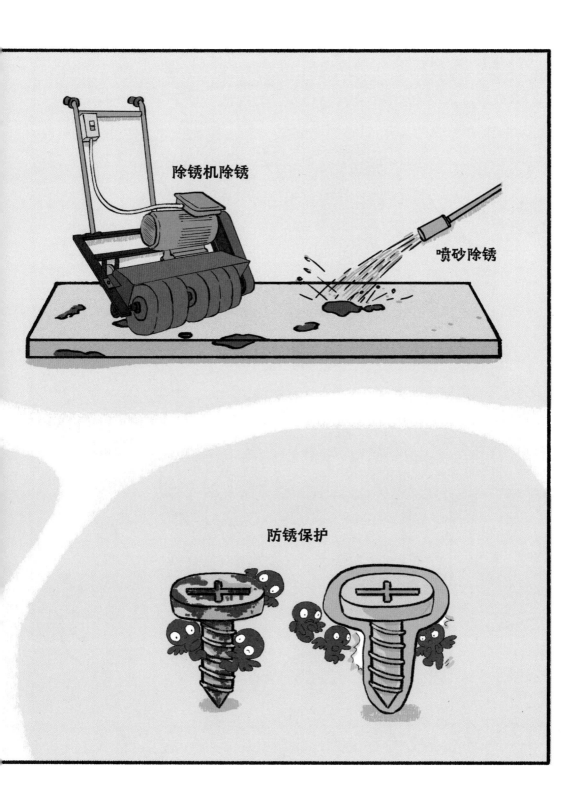

除锈机除锈

喷砂除锈

防锈保护

问答收纳盒

常见的氧化反应有哪些?　物质与氧气发生的反应属于氧化反应。如甲烷的燃烧，酒精转化为醋酸的反应等。

常见的还原反应有哪些?　含氧化合物里的氧被夺去的反应属于还原反应。如木炭与氧化铜在高温条件下的反应等。

什么是生锈?　生锈是指金属的氧化反应。

怎样防止金属生锈?　隔绝空气可以防止金属生锈，常用的方法是给金属涂防锈涂层。保持金属表面洁净干燥也可以防止金属生锈。

什么是除锈?　除锈是指去除金属表面锈蚀的过程。

什么是酸洗?　酸洗是指利用酸溶液去除锈蚀物的方法。

什么是除锈剂?　除锈剂是可以去除金属表面锈蚀的物质。

什么是漂白?　漂白是使有色物质褪色或变白的过程。

思考题答案

114 页　　用漂白剂漂白。

115 页　　砂纸和食醋。

作者团队

米莱童书 ｜ 🅜 米莱童书
_{点亮孩子的未来}

米莱童书是由国内多位资深童书编辑、插画家组成的原创童书研发平台，2019"中国好书"大奖得主、桂冠童书得主、中国出版"原动力"大奖得主。是中国新闻出版业科技与标准重点实验室（跨领域综合方向）授牌中国青少年科普内容研发与推广基地，曾多次获得省部级嘉奖和国家级动漫产品大奖荣誉。团队致力于对传统童书阅读进行内容与形式的升级迭代，开发一流原创童书作品，使其更加适应当代中国家庭的阅读需求与学习需求。

特约策划： 刘润东

统筹编辑： 于雅致　　陈一丁

专家团队： 李永舫　中国科学院院士，高分子化学、物理化学专家
作序推荐

　　　　　　 张　维　中科院理化技术研究所研究员，抗菌材料检测
中心主任　审读推荐

　　　　　　 亓玉田　北京市化学高级教师、省级优秀教师、北京市
青少年科技创新学院核心教师　知识脚本创作

漫画绘制： 辛　颖　　孙振刚　　鲁倩纯　　徐　烨　　杨　琪　　霍霜霞

装帧设计： 刘雅宁　　董倩倩　　张立佳　　马司雯　　汪芝灵

图书在版编目（CIP）数据

嘭! 神奇化学反应 / 米莱童书著绘. -- 北京 : 北

京理工大学出版社, 2024.4（2024.10 重印）

（启航吧知识号）

ISBN 978-7-5763-3423-4

Ⅰ.①嘭… Ⅱ.①米… Ⅲ.①化学反应—少儿读物

Ⅳ.①O643.19-49

中国国家版本馆CIP数据核字(2024)第011916号

出版发行 / 北京理工大学出版社有限责任公司

社　　　址 / 北京市丰台区四合庄路 6 号

邮　　　编 / 100070

电　　　话 /（010）82563891（童书售后服务热线）

网　　　址 / http://www.bitpress.com.cn

经　　　销 / 全国各地新华书店

印　　　刷 / 雅迪云印（天津）科技有限公司

开　　　本 / 710毫米×1000毫米　1 / 16

印　　　张 / 7.5　　　　　　　　　　　　　　责任编辑 / 王琪美

字　　　数 / 250千字　　　　　　　　　　　　文案编辑 / 王琪美

版　　　次 / 2024年4月第1版　2024年10月第2次印刷　　责任校对 / 刘亚男

定　　　价 / 30.00元　　　　　　　　　　　　责任印制 / 王美丽

图书出现印装质量问题，请拨打售后服务热线，本社负责调换